U0254882

小学者探秘：

达尔文的生命科学课

[英]迈克尔·布赖特 著

[英]马尔戈·卡彭铁尔 绘

杨兆鑫 译

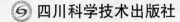

四川科学技术出版社

图书在版编目（CIP）数据

小学者探秘：达尔文的生命科学课/（英）迈克尔
·布赖特著；(英) 马尔戈·卡彭铁尔绘；杨兆鑫译
.— 成都：四川科学技术出版社，2023.6
书名原文：DARWIN'S TREE OF LIFE
ISBN 978-7-5727-0983-8

Ⅰ.①小… Ⅱ.①迈…②马…③杨… Ⅲ.①生命科
学-少儿读物 Ⅳ.① Q1-0

中国国家版本馆 CIP 数据核字 (2023) 第 085400 号

著作权合同登记图进字 21-2023-82 号
Original title: DARWIN'S TREE OF LIFE
Author:Michael Bright
Illustrator: Margaux Carpentier
© 2019 Hodder and Stoughton
Simplified Chinese translation copyright © 2020 Beijing Lixue Culture Co.,LTD

小学者探秘：达尔文的生命科学课

XIAO XUEZHE TANMI:DA' ERWEN DE SHENGMING KEXUEKE

著　者　[英]迈克尔·布赖特
绘　者　[英]马尔戈·卡彭铁尔
译　者　杨兆鑫

出 品 人　程佳月
责任编辑　张　姗
审　订　邢立达
封面设计　言　诺
责任出版　欧晓春
出版发行　四川科学技术出版社
　　　　　成都市锦江区三色路238号　邮政编码 610023
　　　　　官方微博 http://weibo.com/sckjcbs
　　　　　官方微信公众号 sckjcbs
　　　　　传真 028-86361756
成品尺寸　210 mm×285 mm
印　张　3
字　数　60千
印　刷　三河市同力彩印有限公司
版　次　2023年6月第1版
印　次　2023年6月第1次印刷
定　价　52.00元

ISBN 978-7-5727-0983-8

邮　购：成都市锦江区三色路238号新华之星A座25层　邮政编码：610023
电　话：028-86361770

■ 版权所有　翻印必究 ■

目录

生命树

查理·罗伯特·达尔文（1809—1882）曾经环游全世界，研究动植物。在加拉帕戈斯群岛，他采集了一些雀鸟标本。鸟类学家约翰·古尔德（1804—1881）注意到，这些来自不同岛屿的雀鸟长着各不相同的喙，难道这是它们为了适应当地的食物而做了最有利的演化吗？

达尔文还发现不同岛屿上的象龟形态差别很大；岛上的嘲鸫一共只有4种，分布相互远离，彼此之间差异明显。正是这些发现启发达尔文对于生命的演化作出思考，最终提出了生物进化论。

生命之变

为什么会出现变化呢？因为动植物的幼体虽然遗传了亲本的大部分特征，跟亲本很像，但同时也会稍微有些变化。这些变化可能更有利于它们存活下来，并将一些适应生存的优势特征遗传给后代；那些没有遗传优势特征的生物就有可能会灭绝。科学家把这种现象叫作"自然选择"或"适者生存"。

达尔文的"生命树"

达尔文写了一本书，名叫《物种起源》（1859年出版），在书中他把生物的分类比作树木的分枝。这棵"生命树"显示出了植物和动物的演化顺序，也就是说，最早的生物出现在最低的"树枝"上。"树枝"挨在一起，说明它们是有亲缘关系的。当一个物种演化成另一个物种时，"树枝"就出现了分枝。

认识一下家族

生命树展示了生物的亲缘关系。和你亲缘关系最近的是你的爸爸妈妈；你的爸爸和你的爷爷奶奶有亲缘关系，你的妈妈则和你的外公外婆有亲缘关系；再往前追溯，就是你的曾祖父母和外曾祖父母……可以像这样一直往前追溯。植物和动物也是这样。然而，如果我们追溯到起点，就会发现我们人类的祖先跟地球上其他动植物的祖先可能是同一个。

生命的曙光

一道闪电击中了一个小池塘里的化学物质①，生命可能就由此出现了；又或许，是在滚烫的深海热泉喷口里，孕育了最早的生命②。没有人知道确切答案。但可以肯定的是，最早的生物是单细胞生物，之所以说它们是有生命的，是因为它们可以不断繁殖。

① 达尔文认为生命可能起源于"温暖的小池塘"，里面富含氨气、磷酸盐，遇到光、热和电，会形成生命体所必需的蛋白质，促成生命诞生。
② 美国地质学家迈克尔·J.罗素认为生命起源于海底热泉喷口，那里滚烫的碱水含有丰富的化合物，很有可能形成了最早的生命体。

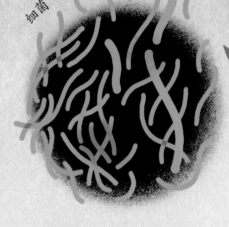

细菌

古老的生物

最早的生物大约在40亿年前就演化出来了。它们跟单细胞古生菌类似。古生菌是当今地球上最古老的生命体。相当多的古生菌都生活在极端的环境中，其中有一类很不寻常的古生菌，具有扁平的方形细胞。

古生菌

改变了早期地球的大气层

细菌与古生菌相似：都是没有细胞核的单细胞。它们中有些可以利用水、二氧化碳和阳光自己制造"食物"（生长所需的营养物质）。这个过程叫光合作用，氧气是这个过程中产生的"废物"。科学家认为，大约35亿年前，就是这些细菌在地球大气层中制造出了最初的氧气。

不属于植物、动物或真菌的生物

原生生物是一些没什么亲缘关系的生物，大多由单细胞生物组成。比如，像动物的变形虫、草履虫，与像真菌的黏菌①非常不同，但它们都被归为原生生物，因为没有人确切知道该如何给它们分类。

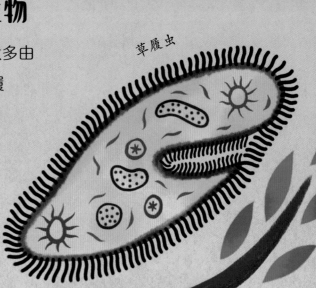

草履虫

---

① 黏菌是一类真核微生物，它们既像真菌，又像原生动物，有的学者曾称之为黏菌虫。

丝盘虫

动物的诞生

大约7亿年前，整个地球几乎都被冰冻住了，这一时期的地球被称作"雪球地球"②。当冰雪大消融开始时，崩塌的冰川将覆盖的岩石磨碎冲进了大海。这些天然的肥料促使海洋中的藻类迅速繁殖，成为第一批动物的食物。这些动物是由许多细胞组成的，它们没有固定形状，就像至今仍存活的直径只有几毫米的丝盘虫。

世界上最大的生物

根据化石发现，最早的真菌可能生活在大约24亿年前的海底深处。如今，真菌形状各异，大小不一，从单细胞的酵母菌，到地球上最大的生物——一种菌丝可覆盖方圆10平方千米的蜜环菌！真菌与动物的亲缘关系比植物更密切一些，因为它们和动物一样，自己不能制造食物。

草蘑菇 (xùn)

---

② "雪球地球"指的是全球冰冻现象，地球表面从两极到赤道全部结成冰，只有海底残留了少量液态水。

早期陆生植物

科学家们认为，绿色植物是由绿藻演化而来的。这些藻类生活在水中，但有些也在陆地上潮湿的地方存活。经过数百万年，这些藻类逐渐演化成小型的绿色植物。大约4.5亿年前，许多新物种出现了，并且遍布世界各地。

苔类

苔类植物是世界上首批陆生植物之一，人们发现的苔类植物化石可以追溯到约4.7亿年前。现代的苔类植物是通过毛发状的假根而不是真正的根来固定在土壤里的，同时，它们在雨水的帮助下，通过释放孢子或组织小芽（芽体）进行繁殖。

苔类植物

生机勃勃的"地毯"

蘚类植物和苔类植物一样，都是陆生植物的先驱，它们一起改变了地球的气温。早先大气中含有大量的二氧化碳，使地表温度很高。当第一批植物出现时，它们通过光合作用吸收二氧化碳，于是，地球上的大气随之冷却了下来。

蘚类植物是一群群小型的多细胞绿色植物，生长迅速，很快形成一片片绿色的"地毯"。

蘚类植物

木贼类

远古沼泽森林

大约3.5亿年前，木贼类植物可以长到30米高，它与其他树状植物一起形成了石炭纪①的沼泽森林。它们的遗骸经过漫长的岁月变成了煤。如今，大多数木贼类植物只有几米高。

① 石炭纪（约3.5亿至2.9亿年前）是植物界大繁盛的代表时期，当时气候温暖湿润，遍布沼泽，植物茂密，为煤炭的形成提供了有利条件。

绿叶蕨类

我们今天知道的大部分蕨类植物都出现在白垩纪②。它们很顽强：在6 600万年前小行星撞击地球导致恐龙灭绝后（见21页），蕨类植物幸运地存活了下来。在接下来的时间里，它们覆盖了地球大部分的陆地表面。

② 白垩纪（约1.45亿至6 600万年前）是地质年代里中生代的最后一个纪。

蕨类植物

种子生产者

到了大约3.5亿年前的石炭纪初期，陆生植物渐渐发育出根、叶、茎、花粉和种子。苏铁和针叶树的祖先，在随后二叠纪①的干旱时期增长迅速，取代了沼泽森林。然而，直到大约1.45亿年前的白垩纪早期，地球上的第一朵花才开放。

---

① 二叠纪（约2.9亿至2.5亿年前）期间，地壳运动活跃，陆地面积进一步扩大，海洋范围缩小，生物演化加剧。

苏铁

甲虫福利

早在二叠纪中期，苏铁——长得像棕榈树的古老植物就已经广泛存在了。它们通过与其他生物（例如甲虫）建立互利互惠的联系，帮助自己存活了下来。

松果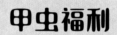

常绿森林

针叶树和苏铁都是植食性恐龙的食物。这些常绿树会结出球果，比如松果，可以保护种子，并帮助它们传播种子。如今，美国国家公园的一棵巨型红杉高达115.6米。

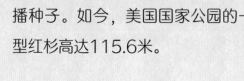

早期的花朵

睡莲是最早的显花植物之一。一些睡莲的花会吸引昆虫。科学家们认为，显花植物和昆虫的演化是交织在一起的。显花植物依靠昆虫传播花粉，而昆虫依赖花朵获得食物。

北美红杉

睡莲

世界上的粮食作物

草本植物最早出现在白垩纪，古生物学家在恐龙的粪便化石中发现了它们的痕迹。如今，它们是分布最广的植物群体。我们种植的粮食作物中，大部分是草本植物。

动物的崛起

在大约6亿年前的埃迪卡拉纪①，一大批非同寻常的动物开始出现。有些动物与现存的任何动物都不同，有些动物，如查恩海笔（Charnia，已灭绝），更像植物而不是动物。其中也有我们熟悉的动物的最初生命迹象：亚卡热虫（Arkarua，已灭绝）呈五角星形，像海星。

---

① 埃迪卡拉纪（约6.35亿至5.42亿年前），地球上出现的生物已经从最初的原始单细胞生物演化成各种各样令人惊奇的生物。

查恩海笔（已灭绝）

亚卡热虫（已灭绝）

结构简单的动物

海绵是非常原始的动物，即使在今天，它们的身体结构也相对简单。它们没有神经系统和肌肉。如果把海绵分散成单独的细胞，它们仍可以重新组合起来。在现存动物中，只有海绵具有这种特性。

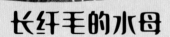

桶状海绵

长纤毛的水母

栉（zhì）水母（也叫梳状水母）的身体上长着八列短短的毛发一样的纤毛。纤毛像船桨一样移动，推动它们在水中前进。较原始的种类比如球栉水母生有一对又长又黏的触手，用来捕捉食物。它们是一种古老的动物。

球栉水母

会游泳的水母

现代水母最古老的祖先出现得很早。它们是第一批拥有神经系统和肌肉的动物之一，所以，像栉水母一样，它们会游泳，而不是简单地在海里漂流或固着在海床上。

狮鬃水母

珊瑚礁建筑师

热带海洋中的珊瑚礁是由珊瑚虫形成的。珊瑚虫体内有藻类与它们共生。藻类为珊瑚虫提供食物并让珊瑚呈现出各种颜色。当环境发生变化时，比如海水温度突然升高，珊瑚虫就会因为藻类数量下降而显示出它原本的白色（珊瑚白化现象），最终死亡。每次地球气候发生重大变化，这些脆弱的动物都会遭受灭顶之灾。如今全球变暖，这样的现象仍在发生。

鹿角珊瑚

13

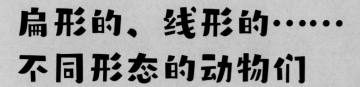

扁形的、线形的……
不同形态的动物们

在大约5.42亿年前的寒武纪，我们今天所知道的主要生物群突然出现了。科学家把这称作"寒武纪生命大爆发"[①]。在这些新动物中有蠕形动物和蠕虫状动物。它们包括扁形的、线形的、纽形的和长腿的等不同形态。人们曾在苏格兰海岸发现一条巨纵沟纽虫长达55米，是目前已知世界上最长的动物。

[①] 大约5.42亿年前的寒武纪，动物种类急剧增加，出现了门类众多的节肢动物、无脊椎动物，这被古生物学家称作"寒武纪生命大爆发"，这也是显生宙的开始。

蚯蚓

沙蚕

圣诞树蠕虫

扁形动物

左右对称，只能向前

扁形动物的祖先是第一批有左右两侧对称体形的动物。它们也有一个头端，这意味着它们只能朝一个方向移动。扁形动物的头端总是能够最先感知外界刺激，所以那里是感觉器官和大脑发育的地方。

线形动物

线虫是没有节的细长蠕虫。如今，它们几乎生活在地球上的任何地方。超过一半种类的线虫生活在活体内，包括我们人类的体内，比如蛔虫，它们是寄生虫。因此，线虫可能是地球上数量最多的动物。

蛔虫

有腿的蠕形动物

天鹅绒虫看起来像蠕形动物，但长着毛毛虫似的腿。它们的身体有环但不分节，这显示出了蠕形动物是如何演化成类似昆虫的动物的。

天鹅绒虫

水熊虫

水熊虫是缓步动物的俗称，堪称地球上生命力最强的动物。它们中的大部分只有不到一毫米长，在太空的核辐射和真空环境下仍然可以生存。它们能够从近乎完全干燥的状态下恢复过来，甚至不吃不喝也能存活30年。

水熊虫

15

披装带甲的动物

在寒武纪生命大爆发期间，捕食者和被捕食者为了生存，分别演化出了用于攻击和防御的系统，比如可怕的捕食者——奇虾（已灭绝），它那长在身体外面的骨骼就是一种防御盔甲。直到今天，许多生活在水中的节肢动物，包括螃蟹、龙虾、河虾，都有这种坚硬的几丁质外骨骼。这种捕食与被捕食的斗争，可能就是当时出现了那么多新物种的原因。

奇虾（已灭绝）

古老的节肢动物

三叶虫（已灭绝）是地球上首批出现的一类节肢动物，有些是在海床上爬行的掠食者，有些是食腐动物①，还有一些则是在水中游动以浮游生物为食。三叶虫在地球上成功存活了3亿年左右，但在二叠纪末期灭绝了。

三叶虫（已灭绝）

---

① 食腐动物是指以动植物的尸体及其分解物、动物粪便等为食的动物。

现存最古老的动物

最早的一些甲壳动物是鲎（hòu）虫的前身。其中的一个物种——佳朋鲎虫（Triops cancriformis），2亿年以来几乎没有变化，这使它成为世界上已知的现存最古老的几大物种之一。

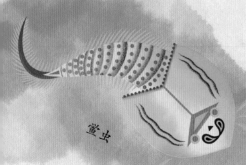

鲎虫

强有力的大螯

我们今天看到的蟹类直到白垩纪才演化出来，当时它们必须发展强大的防御能力来对抗捕食者——硬骨鱼。蟹类最得力的防御武器就是它们强有力的大螯，用它不但可以捕捉猎物、挖穴藏身，还可以很好地威慑敌人。

蓝蟹

鲎

活化石

鲎长得很像甲壳动物，但与已经灭绝的三叶虫一样，它们跟蜘蛛和蝎子是亲戚。因为在4亿多年前的岩石中发现了鲎化石，所以科学家们把现生鲎称作"活化石"。

生物大灭绝

大约在2.5亿年前，巨大的火山喷发出熔岩，这些熔岩冷却后硬化成厚厚的一层。火山喷发释放出大量的二氧化碳和甲烷，导致气候急剧变暖。酸雨摧毁了森林，土壤被冲进大海，海水变酸。96%的动物和植物都灭绝了。这就是二叠纪—三叠纪灭绝事件，是历史上最大规模的一次生物灭绝事件。

它们都有很多条腿

"节肢动物"又称"节足动物"，这类动物都有很多条腿。昆虫有6条腿，蜘蛛和蝎子有8条腿，螃蟹和龙虾有10条腿①，蜈蚣有30～354条腿，马陆（俗称千足虫）的腿多达750条，甚至更多！一些陆生节肢动物的外骨骼上有蜡质层，可以防止它们因体内的水分蒸发而变干，其他陆生节肢动物则不得不生活在潮湿的地方。

① 它们有8条可以行走的腿，还有2条不具备行走功能的螯肢。

亚利桑那沙漠蜈蚣（虎纹蜈蚣）

早期的陆地捕食者

蜈蚣是陆地上的首批捕食者之一。然而，它们无论是过去还是现在都只能生活在潮湿的地方，因为它们的外骨骼中没有防止体内水分蒸发的蜡质层。现代蜈蚣，比如虎纹蜈蚣，含有致命的剧毒。它们的第一对足演化成了颚足，有爪和毒腺，可以把毒液注入猎物体内，让其失去战斗能力。

首批动物"飞行员"

第一批生活在陆地上的昆虫之所以成功，是因为它们演化出了防水的身体和不易变干的卵。最早会飞的动物是昆虫，它们与现代蜻蜓相似，它们的翅膀不像后来的昆虫翅膀那样向后折叠。如今，地球上大部分的动物都是昆虫。

蜻蜓

织网

蜘蛛演化出了产丝的能力，蛛丝很轻，但非常强韧，就像高级钢丝一样结实。它们可能一开始只是用丝来编织巢穴和做卵包，但最终，它们为捕食而织网。

金黄园蛛

以色列金蝎

"尾巴"^①上的刺

蝎子是了不起的幸存者。当环境恶劣的时候，它们的身体就会"停工"，一年只吃一只昆虫也能存活下去。不过，如果有猎物经过，它们就会迅速发起攻击。它们的腹部末端演化出了尾刺，用来攻击和防御。来自北非沙漠的"死亡追猎者"——以色列金蝎，能释放出世界上所有蝎子中最强的毒液。

① 实际上，蝎子的"尾巴"不是真正的尾巴，而是腹部末端，呈尾状。

蠕动的怪物

巨型马陆（已灭绝）曾是已知陆地上最大的无脊椎动物，有2.6米长、50厘米宽。它之所以能长得如此巨大，是因为它依靠大量的氧气生长，而在石炭纪，地球上的氧气浓度比现在高30%左右，非常充足。同时，周围能够猎杀它们的大型捕食者也不多。

巨型马陆（已灭绝）

长壳的动物

软体动物也是寒武纪生命大爆发的一部分。今天的许多软体动物都长着保护壳，有像海螺那样的单壳，也有像贻贝那样的双壳。乌贼的壳长在身体里面（属于内骨骼）。一些软体动物已经完全失去了外壳，比如章鱼，这使它们能够挤进大多数其他动物无法到达的地方。

章鱼

牡蛎

潮起潮落之间的王者

牡蛎是有两个壳的古老软体动物。许多种类的牡蛎长时间不在水里，而是生活在海边，这意味着它们经常暴露在极端的温度变化中。至今，牡蛎已经存在了2亿年，在这期间它们演化出了一种特殊的化学物质，来保护自己不受高温的影响。

背上有房子

腹足类软体动物是现存动物种类中数量仅次于昆虫的第二大种类。花园葱蜗牛是一种常见的腹足动物，它有螺旋状的外壳，用黏糊糊的"脚"走路。壳可以保护蜗牛免受捕食者袭击；在干燥的天气里，蜗牛也可以躲进壳里，这样它就不会变干。

花园葱蜗牛

大王乌贼

世界上现存最大的
无脊椎动物

大王乌贼是头足类软体动物。它的壳在身体里长成像脊椎一样的"笔"状，它的足已经演化成了8条腕和2条触腕。大王乌贼生活在深海中，在那里它可以长到13米长。它的眼睛有餐盘那么大，是动物界中眼睛最大的。

漂浮的化石

鹦鹉螺家族5亿年以来在外观上几乎没有变化。鹦鹉螺的壳是一个螺旋形的相互连接的腔室，它靠排出或吸满水来调节身体的重量，在海里沉浮。它可以通过喷射水流来使自己加速前进。它是已经灭绝的菊石的近亲。

珍珠鹦鹉螺

天劫！

大约6 600万年前，一颗小行星撞击了地球，导致地球上四分之三的动植物灭绝。形似鹦鹉螺的菊石、蛇颈龙等海洋爬行动物及许多其他物种都灭绝了。

菊石（已灭绝）

它们都有特殊的刺和脚

棘皮动物是一种身体呈辐射对称①的动物。它们有的是星形，如海星；有的几乎是球形，如海胆；还有"香肠形"的，如海参。它们都靠微小的管足蠕动，管足靠水压②来伸缩。这一类动物最早出现在寒武纪，尽管埃迪卡拉纪的一种呈现出星形的动物（见第12页）可能是海星的祖先。

① 辐射对称是指动物体形呈辐射状的一种对称形式，即通过动物体中轴的任何平面都可把有机体分为相似的两半。
② 棘皮动物体腔里有一个水管系统，管足里充满体液和海水，靠水压作用来伸缩管足，移动身体。

海星

海洋之星

海星是在大约4.5亿年前的奥陶纪演化出来的。它们通常有5条腕，但一些现代种类的海星有更多的腕，比如一种生活在南极的巨大海星有50条腕。有些种类的海星在断掉一条腕后，能够长出一条新的腕，还有些海星只靠一条腕就能再生成一整只海星！

海中刺猬

海胆长着坚硬的外壳，上面覆盖着锋利的棘刺③。最早的海胆化石有约4.5亿年的历史，大约在2.5亿年前，在生物大灭绝事件中海胆大规模死亡。（见第17页）。

③ 实际是脆弱、易折断的骨质突起，一些棘刺的顶端含有毒囊。

黑海胆

海猪

可爱的海黄瓜①

　　海参有的长长的，有的圆圆的，但大多数海参仍然表现出五辐射对称的结构，有5排细长的管足。从海岸到海底，它们已经适应了生活在海洋的各个区域。海猪是一种可爱的海参，看起来有点儿像小猪。

---

　　① 大多数海参的身体呈长棒状，很像黄瓜，因此海参常被称作海黄瓜。

深海里的百合花

　　海百合靠一根像植物的茎一样的柄附着在海床上。在约4.5亿年前，它们是世界上最普遍的动物，时至今日，它们仍然生活在深海中。它们的近亲海羊齿，可以不再附着在海床上，而是通过摆动羽毛般的腕自在游动。

海百合

第一批有脊椎的动物

鱼类和其他脊椎动物的祖先出现在寒武纪。第一批像鱼的动物没有下颌（下巴），没有脊椎，而是长着一种叫脊索①的硬硬的棒状结构支持后背。第一批有下颌和脊椎的鱼出现在奥陶纪，并在泥盆纪变得常见，科学家称那一时期为"鱼类时代"。

① 脊索和脊椎的区别在于，脊索不是骨质的。脊索由富含液泡的脊索细胞组成，外面围有脊索细胞分泌形成的结缔组织鞘，既有弹性又有硬度。

早期的血盆大口

早在4亿多年前，像鲨鱼一样的鱼就已经在海洋中游动了，而现代鲨鱼家族在1亿年前就出现了。鲨鱼长着一身柔韧的软骨骨架，却拥有像舵一样坚硬的鳍。现在最大的掠食性鲨鱼是大白鲨。这个庞然大物在伏击猎物时，反应非常迅速，动作灵敏。

大白鲨

剑鱼

游得最快的鱼

在大约4亿年前，开始出现硬骨鱼。一些现代鱼类有坚硬的骨骼和歪形尾鳍②，还有一些可以"倒车"似的向后游！剑鱼和旗鱼都是游泳高手，是大海里游得最快的鱼。

② 歪形尾鳍，鱼类尾鳍的一种，脊椎延伸到了尾鳍上部，使其变得更长，例如鲨鱼的尾鳍。

古老的"四腿"鱼

腔棘鱼生活在印度洋的深海洞穴中。它的祖先是演化成两栖动物的鱼类，所以腔棘鱼与两栖动物、爬行动物、哺乳动物的亲缘关系比与剑鱼或鲨鱼更近，它的鳍看起来有点儿像腿，所以又被叫作古老的"四腿"鱼。之前，人们一直认为它在大约6 600万年前就已经灭绝了，直到1938年，人们因为抓住了一条活的矛尾鱼（一种腔棘鱼）才改变了看法。

腔棘鱼

冷血动物

大多数鱼类、两栖动物和爬行动物是"冷血动物"，也叫变温动物，它们的体温会随着周围环境的变化而变化。许多爬行动物通过在阳光下晒太阳来温暖身体，让自己活跃起来。

登上陆地

在泥盆纪，两栖动物由鱼类演化而来。鱼鳍变成了腿，鱼鳔变成了肺。如今，许多两栖动物生命的早期阶段都是在水里度过的，它们首先是卵，然后长成幼体，比如蝌蚪，之后它们会转移到陆地上继续生长，但成年后仍需回到水里或在临水的地方产卵。

提塔利克鱼（已灭绝）

最初的登陆印迹

生活在大约3.75亿年前的两栖动物提塔利克鱼（已灭绝）的化石显示了鱼类是如何从水中迁移到陆地上的。它的鳍上有腕骨，眼睛长在头顶，可能身体里还长着肺。它的鳍可能可以支撑它的身体，就像现存的弹涂鱼一样。

世界上现存最大的两栖动物

中国大鲵（娃娃鱼）

中国大鲵是一种生活在水里的现代两栖动物，最早出现在约1.7亿年前。后来，这个群体演化出了所有的现代蝾螈。大多数蝾螈都不到20厘米长，但中国大鲵非常大，身长可达2米!

了不起的弹跳能手

青蛙和蟾蜍的祖先在三叠纪开始演化。许多青蛙都会跳远。现代蛙类的跳远纪录保持者是条纹火箭蛙，它能跳5米远，是它身体长度的50倍。这相当于人类跳远运动员一次跳100米远！这也意味着这些青蛙可以一跃逃出危险境地。

条纹火箭蛙

像蚯蚓的两栖蠕虫

在演化过程中，长得很像蚯蚓的蚓螈目动物四肢已经完全退化，并擅长在土壤中钻洞。在洞里，它们可以远离捕食者的视线。现代雌蚓螈已经演化出一种独特的方式来喂养后代——它的孩子竟然吃它身上的皮肤！

蚓螈

爬行动物时代

爬行动物最早起源于石炭纪潮湿的沼泽中像小蜥蜴的动物。和两栖动物相比，它们有一个巨大的生存优势——蛋可以产在陆地上。最终，在侏罗纪和白垩纪，爬行动物成为统治地球的主人。陆地上有恐龙（已灭绝）；海洋中有鱼龙（已灭绝）、蛇颈龙（已灭绝）和沧龙（已灭绝）；空中有翼龙（已灭绝）。

霸王龙（已灭绝）

鱼龙（已灭绝）

重返海洋

在陆地上，对食物和生存空间的竞争愈加激烈，导致一些爬行动物重新回到了海洋。它们长得像现在的海豚和鲨鱼。鱼龙（已灭绝）产下的是幼崽，而不是卵，这可能是经历了在陆地上演化的结果。

恐龙的亲戚

湾鳄

鳄类和恐龙曾经共同生活在地球上。它们也有同样的祖先——主龙。但是，走路时恐龙的腿就在身体的正下方，而鳄鱼的四肢则向两侧展开。现存最大的鳄类是湾鳄，体长可达10米，但有史以来最大的鳄类体长是它的两倍，连恐龙都只能当它的早餐！

快速演化

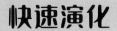
意大利壁蜥

蜥蜴的演化速度非常快。20世纪70年代，以昆虫为食的意大利壁蜥被引入克罗地亚的一个岛上。它们很快适应了那里植物多、昆虫少的栖息地。因为它们演化出了能消化植物的肠道，咬合能力也更强，适合食用植物。这种食性变化通常需要数百万年，但这些蜥蜴只用了40年。

非洲岩蟒

张大嘴巴

蛇由至少1亿年前的史前蜥蜴演化而来。与蜥蜴和鳄鱼相比，现代蛇类的头骨中有更多的软骨和弹性韧带，这使它们能够把嘴张得更大，吞下更大的猎物。一条大型非洲岩蟒（非洲最大的蛇）能够将一头小羚羊整个吞下去。

巨型海龟

最早的海龟化石可以追溯到约2亿年前。世界上现存最大的海龟是棱皮龟，它的身体长可达2米。但是，它的白垩纪亲戚——古巨龟（已灭绝）比它大2倍。

棱皮龟

"活着的恐龙"

　　有科学家认为，并不是所有恐龙都在6 600万年前灭绝了，鸟类就是活着的恐龙。他们认为鸟类是由两腿直立的食肉恐龙演化而来的——为了能够飞行或滑翔，一部分恐龙的身体逐渐变小，渐渐演变成鸟类。而羽毛则可能是由爬行动物的鳞片演化而来的。

极乐鸟

鸵鸟

最多彩的"幸存者"

　　如果鸟儿是恐龙演化而来的，那它们是最多彩的"幸存者"。所有鸟都是恒温动物，它们长着不同类型的羽毛，这些羽毛使鸟儿能够飞行和保暖。羽毛还可以帮助鸟儿伪装，或以色彩斑斓的外貌在群鸟中脱颖而出。比如，雄性极乐鸟（也叫天堂鸟）长着华美的羽毛来吸引雌鸟；而雌鸟会选择与羽毛最鲜艳的雄鸟一起繁衍后代。

不会飞的鸟

鸵鸟有翅膀，但因为身体太重，飞不起来。不过，它的翅膀使它在奔跑时能更好地保持平衡。通过观察它如何用两条腿奔跑，科学家们就能够了解像霸王龙（已灭绝）这样的恐龙在数千万年前是怎样行动的。

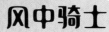

漂泊信天翁

风中骑士

漂泊信天翁是世界上翼展最大的飞鸟。它演化出了又长又窄的翅膀，像滑翔机一样。它不需要扇动翅膀就能在风中翱翔，所以它飞行时消耗的体力很少，可以飞很远去寻找食物。

回到大海

大约6 000万年前，企鹅回到了大海。它们的翅膀演化成流线型的鳍状肢。帝企鹅用它的鳍在水下"飞行"。它是潜水最深的鸟，偶尔能潜到500多米深。它潜得越深，和它竞争食物（比如乌贼）的对手就越少。

棕胸佛法僧

帝企鹅

产蛋的和有育儿袋的

在三叠纪晚期，哺乳动物与恐龙一起由爬行动物演化出来。经过数百万年，一些冷血的、产卵的、有鳞片的爬行动物演化成了恒温的、多毛的哺乳动物。如今，除了最古老的哺乳动物——单孔目动物仍产蛋，大多数哺乳动物都是直接产下"活的"幼崽。有袋类动物与其他哺乳动物不同，未发育好的胎儿是在母体的育儿袋里而不是在母体内，继续生长发育。

介于鸟兽之间

单孔目动物——鸭嘴兽和针鼹（yǎn）像爬行动物一样产卵，但它们像其他哺乳动物一样用乳汁喂养幼崽。针鼹很像刺猬，但鸭嘴兽就长得非常奇怪，它长着鸭子的嘴、河狸的尾巴，还有水獭的脚！

鸭嘴兽

红袋鼠

育儿袋

有袋类动物靠雌性特殊的育儿袋养育幼崽。如袋鼠，胎儿出生时只有花生那么大。它们爬进育儿袋，附着在母体的乳头上，乳头可以为它们提供乳汁。袋鼠宝宝在离开育儿袋之前，可以长得相当大。

军刀般的利齿

生活在南美洲的袋剑齿虎（已灭绝）和现代美洲虎差不多大，上犬齿长超过15厘米。它们生活在800万～300万年前。它的咬合能力并不强，但是在击倒猎物之后，它会用长长的上犬齿牢牢咬住猎物的脖颈。

袋剑齿虎（已灭绝）

袋獾

下颌杀手！

袋獾（也叫塔斯马尼亚恶魔）是现存最大的有袋类食肉动物。它是所有哺乳类捕食者中噬咬能力最强的，因为它长着类似鬣（liè）狗那样有力的下颌（也就是下巴）。这种动物以其令人毛骨悚然的嚎叫声、凶猛和暴躁的性情而闻名，这也是早期其所在地的土著居民把它叫作"恶魔"的原因。

有胎盘类哺乳动物

有袋类动物没有发育完全的胎盘，孕期很短；而有胎盘类哺乳动物（又称真兽类）恰恰相反，它们的胎盘发育完全，胎儿在子宫内发育的时间也就相对更长。已知最早的有胎盘类哺乳动物的祖先是1亿多年前的一种鼩鼱（qú jīng）。

行动慢吞吞

南美洲的树懒可能还没有一只小狗大，但已经灭绝的大地懒能长到6米长，体重可达4吨，和现代大象差不多大。它们长着又长又弯的爪子，能摘下树上的叶子，还能直立起来够到高高的树枝，但它们行动起来可真是慢吞吞。

三趾树懒

儒艮

大象的亲戚

儒艮和它们的近亲海牛是世界上唯一的海洋植食性哺乳动物。它们大约在5 000万年前从陆地哺乳动物演化而来，现存的近亲是大象和蹄兔。

非洲蹄兔

蹄兔是一种兔子大小、像啮齿动物的植食性动物，生活在非洲的岩石地带。一种已经灭绝的古蹄兔有一匹小马那么大。当体形更大的植食性动物，如羚羊和斑马演化出来以后，蹄兔被赶出了最佳的觅食地点，逼进了山里。蹄兔现存的近亲是大象。

蹄兔

世界上最大的陆生哺乳动物

现存大象的三个种类——非洲草原象、非洲森林象和亚洲象——是曾经包括猛犸象（已灭绝）、乳齿象（已灭绝）和跟猪差不多大的侏儒象在内的一个种群的幸存者。它们都有或曾经有一个长长的、肌肉发达的鼻子，用来呼吸、触摸物体、发出吼声，甚至还能当潜水时的呼吸管用。

非洲草原象

恒温动物

哺乳动物是"恒温动物"（俗称温血动物）——它们自己产生热量维持体温。一些恒温动物可以在寒冷的季节或食物匮乏的时候降低体温，进入冬眠状态，以减少能量消耗。

猎虫者

自然界中有大量的昆虫和蠕虫，因此一些哺乳动物演化出了特殊的捕虫本领，能帮助它们找到这些供应充足的食物，并吃掉它们。以昆虫为食的哺乳动物，或者说食虫动物，往往长着又长又尖的鼻子和锋利的牙齿，嗅觉灵敏，但它们的眼睛和耳朵通常都很小。许多动物是"平足"，或者说它们是跖（zhí）行①的，人类也是这种行走方式。

---

① 陆生哺乳动物有三种行走类型：趾行、跖行和蹄行，人类和许多的食虫类动物都是跖行的行走方式。跖行就是用前肢的腕、掌、指或后肢的跗、跖、趾全部着地行走的方式。

欧洲鼹鼠

隧道挖掘工

鼹鼠完全适应了地下生活。它长着巨大的前爪，可以用来像铲子一样挖土。它主要以无脊椎动物为食，尤其是蚯蚓，它喜欢把捉住的蚯蚓储存在地下的洞穴里，每次可储存多达470条呢！

伊特鲁里亚鼩鼱

大胃王

伊特鲁里亚鼩鼱是世界上最小的哺乳动物（按体重计算）。因为长得小，新陈代谢快，其身体热量消耗得特别迅速，所以它每天需要吃相当于自己体重两倍的食物，才能产生足够的热量维持生存。这相当于一个成年人每天吃1 000个约113克的汉堡！

带刺的家伙

在过去漫长的1 500万年里，刺猬几乎没有什么变化。它们的刺跟豪猪和针鼹的刺很像，但这些哺乳动物之间都没有亲缘关系。在过去的不同时期，它们每个种群都独立地演化出具有防卫作用的刺。

刺猬

血液大餐

大约5 000万年前，蝙蝠成为继昆虫、翼龙和鸟类之后的第四类会飞的动物。它们是从能滑翔的类似鼩鼱的食虫类哺乳动物演化而来的。现存大多数小型蝙蝠会像它们的祖先一样捕食昆虫，但吸血蝙蝠却会吸血——它们可能是由专门吃其他动物皮肤上的吸血昆虫的蝙蝠演化来的。

吸血蝙蝠

踮着脚尖奔跑

　　有蹄类动物是一个多样化的群体，主要指那些生活在陆地上的大型植食性哺乳动物。它们靠踮着脚趾行走和奔跑，脚趾上有蹄子保护着（这种行走方式是蹄行式）。蹄子由坚硬的脚底角质层和包裹着脚趾尖的结实的厚趾甲组成。马和犀牛的脚趾数是奇数（属于奇蹄动物），而猪、牛、长颈鹿和河马的脚趾数则是偶数（属于偶蹄动物）。

平原斑马

野马

　　马是由生活在森林里比小狗大不了多少的动物演化出来的。随着气候转暖，这些动物的体形逐渐增大，且在躲避捕食者的过程中练就了强大的奔跑能力。如今，长腿马、斑马和野驴都是用每只脚上的一个大脚趾奔跑，因为一个大的脚趾对马的腿骨造成的压力要比多个脚趾小。

长跑运动员

　　叉角羚是一种腿长、肌肉发达的哺乳动物，生活在北美的大草原上。在四足动物中，它是长跑冠军，持续奔跑速度最快。它长得像非洲羚羊，但实际上跟又高又瘦的长颈鹿是近亲。

叉角羚

河马

特殊的头部构造

　　河马白天待在水里，晚上到陆地上吃草。它头部的构造①使它在身体大部分浸入水中时，仍可以呼吸、听、闻和看。如今，河马绝大多数生活在非洲，但在末次冰期（大约11万至1.17万年前）之前，非洲以北，甚至远达欧洲的不列颠群岛等也曾是河马的主要栖息地。

---

　　① 河马的眼睛、耳朵和鼻孔都长在面部的上端。

大块头

　　鲸鱼和海豚不会跑，也没有蹄子，但是在大约5 200万年前，它们是从古代陆地上的偶蹄动物演化而来的。直到大约300万年前，鲸鱼才成为如今的大块头。当时，食物只在一年中的某个特定时间才会充足，所以鲸鱼的嘴巴必须越大越好！如今，蓝鲸是世界上现存最大的动物。

蓝鲸

肉食者

食肉动物吃肉。它们是狩猎专家，各个都有追踪、逐猎和捕获猎物的独特本领。狮子会偷偷埋伏并猎杀非洲水牛、角马之类的大型猎物；美洲豹可以用它们有力的下颌咬碎猴子的头骨；非洲野犬能够围猎瞪羚。

狮子

隐秘的猎人

老虎和大多数猫科动物一样，是独行侠。它常会蹑手蹑脚地跟在猎物身后，找准时机，借助后腿的力量猛扑过去，撞倒猎物并咬住它的脖子。然后，它会杀死猎物，大快朵颐一番，并把吃剩下的猎物掩藏起来，以便改天食用。不过，200万年前的老虎比现在的小。

老虎

合作猎杀

狼通常结群捕猎。通过合作，狼可以杀死比自己大很多的动物，比如驼鹿。狼也是家犬的野生祖先，所以狗经常表现出类似狼的行为。

灰狼

杂食

大约3 500万年前，熊从类似浣熊的祖先演化而来。它们被归类为食肉动物，但其中有些种类在有其他食物的时候照吃不误，比如浆果。然而，大多数熊（包括吃竹子的大熊猫）只要能找到肉就会吃肉。熊已经从严格的食肉动物变成了普通的杂食动物。

棕熊

深潜者

海豹、海狮和海象可能是从大约2 400万年前，长得像水獭的祖先演化而来的。现存最大的海豹是象海豹。它们能够潜入深达2 388米的海水中捕捉鱼和乌贼。在那里，它们可以安全地避开虎鲸和大白鲨之类的大型捕食者。它们在下潜和上浮时还会打盹休息，这样能在潜水过程中节省体力！

象海豹

爱啃爱咬的哺乳动物

啮齿动物是一个数量庞大且多种多样的群体，包括大鼠、老鼠、松鼠、河狸、豚鼠和豪猪等。它们的门牙会一直生长，所以为了控制门牙长度，它们必须不断地啃咬，这也会使门牙保持锋利。许多啮齿动物都是成群地生活的，例如在堪称"地下城"的洞穴里群居的土拨鼠，以及会搭建家族巢穴的河狸。

褐家鼠

泛滥成灾

褐家鼠，或称沟鼠，原产于中国北方，但现在除了南极洲以外，人类居住的任何地方都有它们的身影。这种狡猾的啮齿动物几乎什么都吃，饥不择食的习性在一定程度上帮助它们成功地"征服"了世界。

巨型啮齿动物

水豚

水豚是一种能回到水中的啮齿动物，它们的脚略呈蹼状。在河里，有大量的水生植物供它们食用。它们是现存最大的啮齿动物，但有史以来最大的啮齿动物是长得像天竺鼠的莫西尼鼠（已灭绝）——身体长可达3米，重可达1吨。

到处蹦蹦跳跳

兔子是由一种长着铲状的爪子、会挖洞的哺乳动物演化而来的。随着时间的推移，它们的后肢越来越长，演化出了现今的跳跃能力，这使得兔子能够逃脱捕食者的猎杀。

欧洲野兔

原始的灵长目

树鼩是一种长着长尾巴、身体细长的小型动物。它们的脑身比是所有哺乳动物中最大的。它们属于树鼩目，却与灵长目关系密切，被认为是最原始的灵长目动物。树鼩全基因组测序分析和国内外多项研究结果也表明，其亲缘关系与灵长目最接近。

树鼩

手和脚都很发达的灵长目动物

灵长目动物的手和脚都很发达。它们是树居祖先的后代，即使在今天，大多数灵长目动物也生活在树上。现今，灵长目动物分为原猴亚目和类人猿亚目两个亚目。狐猴、懒猴和眼镜猴属于原猴亚目，具有更原始的特征，如很小的大脑。类人猿亚目——猴、猿和人类则较高级，拥有远比其他哺乳动物更复杂的大脑。

指猴

"被拉长"的手指

野生狐猴分布在非洲南部海岸的马达加斯加岛及科摩罗群岛森林中。在2 000年前人类到达马达加斯加岛之前，这里生活着很多物种，包括一种大猩猩般大小的狐猴，但人们对环境的破坏，加上人类的狩猎，使得很多物种灭绝了。有些狐猴不同寻常——指猴长着一根奇特的细长中指，可以从腐烂的木头里挖出昆虫幼虫。

额外的手

蜘蛛猴

猴通常分为两类：分布于非洲和亚洲的旧世界猴，以及分布于美洲的新世界猴。新世界猴很可能是经由岛屿跨越大西洋的非洲物种演化而来的。蜘蛛猴是现代为数不多的能用尾巴抓握东西的猴子之一。尾巴如同一只额外的手，帮助它们拿起赖以维生的果实、树叶和花朵。

类人猿崛起

长臂猿、猩猩、大猩猩和黑猩猩都是类人猿。它们的脑容量很大，没有尾巴。黑猩猩会用工具抓白蚁，会把树叶揉成海绵状吸水喝。雄性东部低地大猩猩是体形最大的类人猿，有的身高可达1.94米。黑猩猩和倭黑猩猩（侏儒黑猩猩）是现存与我们亲缘关系最近的近亲。

黑猩猩

智人

人类也是类人猿的一种，有着大而复杂的大脑和相对轻盈的身体。我们制造精密的工具、用火做饭、建造住所、发展远距离贸易、使用口语和书面语言、创作艺术作品、研究我们周围的世界。

开心达尔文

生命树不会停止生长。新的动物和植物一直在演化。进化论的研究也在不断发展。新的科学技术揭示了演化并不总是一个渐进的过程——它可以发生得很快。如果达尔文看到他最初提出的进化论有了新的见解，他一定会为此感到惊讶和高兴。

认识词语

孢子：一种微小的种子状物体，可以产生新的真菌、藓类植物、苔类植物或蕨类植物。

濒危：濒临灭绝。

捕食者：猎食其他生物的生物。

沉积物：在陆地、海床、湖底或河床上沉积的灰尘、沙子和其他物质，随着时间的推移会形成岩石。

大规模灭绝：许多生物在短时间内灭绝。

大气层：包围在地球和其他行星外面的气体层。

冬眠：在寒冷的天气中，动物的身体机能放缓或趋于停滞，进入"睡觉"状态。

毒素：一种由生物产生的有毒物质，通过咬或刺的方式注入猎物或攻击者的体内。

肥料：添加到土壤或海洋中使其更多产的化学物质。

分类：根据植物和动物的相似性将它们划分为不同的组。

浮力：使物体在水中漂浮或上下移动的力量。

浮游生物：在海洋或湖泊中漂流的生物。

腹部：动物身体的一部分。

光合作用：绿色植物利用太阳能将二氧化碳和水转化成有机物，并释放氧气的过程。它通常需要绿色色素——叶绿素。

海草:生长在海里的开花植物。

后代：由早期植物或动物演化而来的植物或动物。

基因：细胞中控制生物外观和生长的组成部分。它是遗传物质的基本单位，由前代传给后代。

脊椎动物：有脊椎的动物。

寄生物：寄生在其他植物或动物身上或体内，并给对方造成伤害的植物或动物。

绝对零度：指-273.15°C，在此温度下，原子停止运动。

蜡质：防水的物质，可以用来防水。

猎物：被其他生物猎食的生物。

鸟类学家：研究鸟类的科学家。

栖息地：植物和动物通常生活的地方。

气候变化： 全球气候模式的自然或人为变化。

切牙： 凿子状的门牙。

全球变暖： 地球大气和海洋温度上升的现象，形成原因既有自然因素，也有人为因素。

犬齿： 门牙旁边的一对尖牙。

热带： 地球赤道两侧、南北回归线之间的广大炎热地区。

韧带： 连接骨骼或软骨的坚韧的结缔组织。

珊瑚虫： 珊瑚上的生命体，形状像微小的海葵。

生物体： 单个的植物、动物、真菌、原生生物或细菌。

食腐动物： 吃死掉的植物或动物的动物。

食草动物： 以植物为食的动物。

史前的： 非常古老的，出现在有文字记载之前。

授粉： 将花粉从一朵花传到另一朵花的过程，可以帮助植物长出更多的植株。

水生的： 生活在水中的。

丝： 丝状结构。

温室气体： 大气中吸收热量的气体，就像温室的玻璃墙一样，使地球保持温暖。二氧化碳、甲烷和水蒸气都是温室气体。

无脊椎动物： 没有脊椎的动物。

物种： 一群可以在一起繁殖的相似的植物或动物个体。

细胞： 生物的基本单位，可以独立于任何其他生物自行复制。

细胞核： 细胞的控制中心，它的大小、形状和功能都由基因决定（见上页的"基因"）。

小行星： 由太空岩石组成的小天体，环绕太阳运动。

杂食动物： 既吃植物又吃动物的动物。

藻类： 能进行光合作用的有机体，有的只有一个细胞，如硅藻；有的有许多细胞，如海藻。但藻类没有真正的根、茎、叶。

支配： 对其他事物有主导权力和影响作用。

子宫： 哺乳动物母体内胎儿发育的地方。

祖先： 一种较早的生物，由其演化出新近的物种。

组织： 植物或动物体内的特殊细胞的集合，如肌肉或神经。

读后任务：画一画

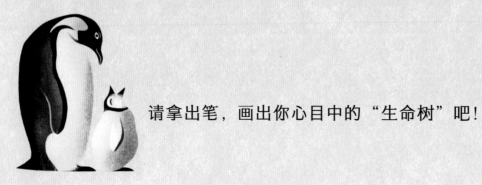

请拿出笔，画出你心目中的"生命树"吧！